高等职业技术院校机电一体化技术专业任务驱动型教材

机械制造技术习题册

中国劳动社会保障出版社

简　介

本习题册是高等职业技术院校机电一体化技术专业任务驱动型教材《机械制造技术》的配套用书。本习题册紧扣教学要求，按照教材模块顺序编排，知识点分布均衡，题型丰富多样，难易配置适当，有助于学生复习巩固所学知识。

本习题册由张泉主编，王坤、张宇参加编写。

图书在版编目(CIP)数据

机械制造技术习题册/张泉主编. —北京：中国劳动社会保障出版社，2012
高等职业技术院校机电一体化技术专业任务驱动型教材
ISBN 978-7-5167-0016-7

Ⅰ.①机…　Ⅱ.①张…　Ⅲ.①机械制造工艺-高等职业教育-习题集　Ⅳ.①TH16-44

中国版本图书馆CIP数据核字(2012)第234057号

中国劳动社会保障出版社出版发行
（北京市惠新东街1号　邮政编码：100029）
出 版 人：张梦欣
*
北京隆昌伟业印刷有限公司印刷装订　新华书店经销
787毫米×1092毫米　16开本　3印张　68千字
2012年10月第1版　2023年7月第4次印刷
定价：6.00元
营销中心电话：400-606-6496
出版社网址：http://www.class.com.cn
http://jg.class.com.cn

目　录

模块一　绪　　论

课题一　机械制造基础知识

一、填空题

1. 切削液的作用有________、________、________及________等。

2. 切削运动按其作用可分为________和________。

3. 根据变形后形成的切屑的外形不同，通常将切屑分为________切屑、________切屑、________切屑及________切屑四种类型。

4. 进给运动可以是________的运动，如车削外圆时，车刀平行于工件轴线的纵向运动；也可以是________运动，如刨削时工件或刀具的横向运动。

5. 主运动的特点是速度________，消耗功率________，切削加工中只有________个主运动，它可由工件完成，也可由刀具完成。

6. 进给运动的特点是速度________，消耗功率________。

7. 车内孔的主运动是________，镗孔的主运动是________。

8. 切削液的种类有________、________、________和________。

9. 滚齿、插齿使用的切削液为________。

二、判断题

1. 切削温度是指加工后刀具切削部分的平均温度。（　）

2. 钻床的主运动是钻头的旋转运动，进给运动是钻头的轴向移动。（　）

3. 带走切削过程中大部分热的是工件。（　）

4. 切削液最主要的作用是润滑。（　）

5. 切削铜合金和有色金属时一般不用含硫的切削液。（　）

6. 已加工表面是工件上与车刀后面相接触的表面。（　）

7. 钻削加工时，大部分的切削热传入工件。（　）

8. 切削铸铁时一般采用水溶液作为切削液。（　）

9. 切削油一般多用于齿形的加工。（　）

10. 主运动是指机床主轴的转动。（　）

11. 在切削用量中，对切削热影响最大的是背吃刀量，其次是进给量。（　）

12. 车削加工属于连续切削，铣削加工属于间断切削。（　）

13. 工件上在加工过程中有三个不断变化的表面，即已加工表面、待加工表面和过渡表面。（　）

14. 在切削加工中，进给运动只能有一个。 (　　)

15. 切削用量三要素中对切削热影响最大的是切削速度。 (　　)

三、单项选择题

1. 为提高效率，粗加工工件时，选择切削用量首先考虑的参数是（　　）。

A. 主轴转速　　B. 背吃刀量　　C. 切削宽度　　D. 进给量

2. 在切削加工过程中，主要用于冷却的切削液是（　　）。

A. 水溶液　　B. 切削油　　C. 煤油　　D. 乳化液

3. 机床的主运动是指（　　）。

A. 刀具进给运动　　B. 尾座运动

C. 车床主轴转动　　D. 车床电动机转动

4. 在铣齿加工过程中，用于冷却的切削液是（　　）。

A. 切削油　　B. 水溶液　　C. CO_2气体　　D. 乳化液

5. 背吃刀量是已加工表面与（　　）的垂直距离。

A. 工件轴线　　B. 待加工表面

C. 过渡表面　　D. 正在加工表面

6. 当加工材料的塑性很小、抗拉强度较低时，刀具切入后，切削层金属在刀具前面的作用下，未经明显的塑性变形就在拉应力作用下脆断，形成形状不规则的（　　）。

A. 带状切屑　　B. 节状切屑　　C. 粒状切屑　　D. 崩碎切屑

7. 下列运动中（　　）是主运动。

A. 钻削中的钻头向下运动　　B. 镗削中的工件运动

C. 铣削中铣刀的旋转运动　　D. 磨削中的工件运动

8. 当加工塑性金属时，在切削厚度较小、切削速度较高、刀具前角较大的工况条件下常形成（　　）。

A. 带状切屑　　B. 节状切屑　　C. 粒状切屑　　D. 崩碎切屑

四、简答题

1. 切削加工主要有哪些特点？

2．在图 1—1—1 中合适的位置写出切削表面和切削方向。

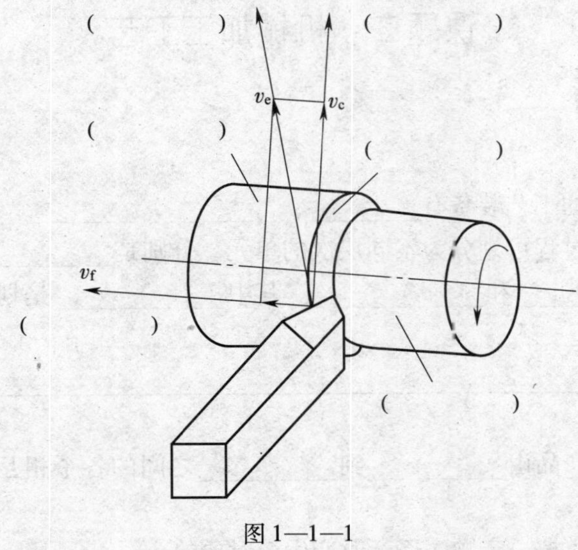

图 1—1—1

3．切削力来源于哪几个方面？

4．切削液的主要作用是什么？

5．影响切削温度的因素主要有哪些？

课题二 机械加工工艺

一、填空题

1. 生产线上常见的工艺装备有________、________、________、模具、辅具及检具。

2. 机械加工工艺过程可划分为不同层次的单元，分别是____________、____________、__________、____________和____________。其中____________是划分工艺过程的基本单元。

3. 工序是指____连续完成的那一部分工艺过程。

4. 生产过程是指产品由__________到__________之间的各个相互联系的劳动过程的总和。

5. 在生产过程中，按一定顺序逐渐改变生产对象的______________、______________、__________和__________，使其成为__________的主要过程称为工艺过程。

6. 工步是指在____________和__________不变的情况下所连续完成的那一部分工序。

7. 机械加工工艺规程是规定产品或零件______________________的工艺文件。

8. 生产纲领是指____计划。

9. 生产类型有__________、______________、____________。

10. 零件结构的工艺性是指所设计的零件在满足使用要求的前提下制造的__________、__________和____________。

11. 定位基准是指机械加工中，工件在机床或夹具上____________时所依据的________________。

12. 加工余量是指____。

13. 时间定额是指______________________条件下，规定______________所需消耗的时间。

14. 经济精度是指____所能保证的加工精度。

15. 一道工序包含四个要素，即__________、__________、__________和连续作业，其中任一个要素的变化即构成新的工序。

16. 为完成部分工艺过程，工件相对于机床或刀具所占据的每一个加工位置称为一个______________。

二、判断题

1. 在单件、小批量生产中一般只编制机械加工工艺卡片。 ( )

2. 维系一个工序的四个要素是工作地、工人、工件和连续作业。 ( )

3. 淬火钢可用粗车—半精车—精车外圆表面加工方案。 ( )

4. 在单件、小批量零件的孔加工中，优先推荐钻—扩—拉的孔加工方案。 ( )

5. 退火、正火、调质等预备热处理的目的是提高材料的硬度和耐磨性。（ ）

6. 生产过程包括原材料的运输保管、把原材料做成毛坯、把毛坯做成机器零件、把机器零件装配成机械装备、检验、试车、涂漆、包装等。（ ）

7. 机械加工工艺过程是指在生产过程中直接改变生产对象的尺寸、形状、物理化学性能以及相对位置关系的过程。（ ）

8. 在机械加工中，一个工件在同一时刻只能占据一个工位。（ ）

三、单项选择题

1. 在加工之前，使工件在机床或夹具上占据某一正确位置的过程称为（ ）。

A. 定位　B. 夹紧　C. 装夹　D. 安装

2. 在零件的整个加工过程中，使用的基准为（ ）。

A. 设计基准　B. 工艺基准　C. 工序基准　D. 定位基准

3. 成批生产不包括（ ）生产。

A. 小批量　B. 中批量　C. 大批量　D. 大量

4. 单件、小批量生产中一般只编制（ ）。

A. 工艺过程卡　B. 工序卡　C. 调整卡　D. 检验卡

5. 外圆表面加工方案主要采用（ ）加工。

A. 车削　B. 铣削　C. 刨削　D. 钻削

四、简答题

1. 什么叫结构工艺性？应该从哪几个方面进行分析？

2. 机械加工工艺规程设计须遵循的原则是什么？

3. 多工位加工的好处有哪些？

4. 毛坯的种类有哪些？

5. 安排工序的原则有哪些？

6. 时间定额包括哪些内容？

模块二　普通机械加工

课题一　车 削 加 工

一、填空题

1. 零件的机械加工是在由__________、__________、__________和__________组成的工艺系统内完成的。

2. CA6140型车床的主要组成部件有__________、__________、__________、床鞍、尾座和床身。

3. 四爪单动夹盘夹紧力大，但找正比较费时，适用于装夹__________或__________的工件。

4. 加工细长轴时，为了防止工件受径向切削力的作用而产生弯曲变形，常用__________或__________作为辅助支撑，以提高工件刚度。

5. 车刀由刀柄和刀头两部分组成，刀柄主要用于__________，刀头主要用于__________。

6. 安装车刀时，车刀不能伸出刀架__________，应尽可能伸出得__________，这是因为车刀伸出__________，刀杆刚度相对减弱。

7. 主轴箱又称床头箱，内装__________和__________，它用于支撑主轴并使之得到不同的转速。

二、判断题

1. 金刚石车刀可以切削任何金属材料。（　　）

2. 箱体零件多采用车削的方法加工。（　　）

3. CA6140型机床是能加工最大回转直径为140 mm工件的普通车床。（　　）

4. 粗加工主要需保证较高的生产效率，故应选择较大的背吃刀量 a_p 和较大的进给量 f，切削速度 v_c 选择中低速度。（　　）

5. 立方氮化硼的硬度为8 000～9 000HV，耐热性为1 400℃，主要用于对高温合金、淬硬钢、冷硬铸铁进行半精加工和精加工。（　　）

6. 车削细长轴时容易出现腰鼓形的圆柱度误差。（　　）

7. 光杠是用来带动溜板箱，使车刀按要求的方向做纵向或横向运动的。（　　）

8. 光杠是用来车削螺纹的。（　　）

9. 变换主轴箱外手柄的位置可使主轴得到各种不同转速。（　　）

10. 扳动小滑板角度，可车削带锥度的工件。（　　）

11．机床的类别用汉语拼音字母表示，居型号的首位，其中字母 C 表示车床类。（　）

12．开机前，在手柄位置正确的情况下，需低速运转约 2 min 后才能进行车削。（　）

13．装夹较重、较大工件时，必须在机床导轨面上垫上木块，以防止工件突然坠下砸伤导轨。（　）

14．车工在操作中严禁戴手套。（　）

15．切削液的主要作用是降低温度和减小摩擦。（　）

16．粗加工时，加工余量和切削用量均较大，因而会使刀具磨损加快，所以应选用以润滑为主的切削液。（　）

17．使用硬质合金刀具切削时，如用切削液，必须一开始就连续充分地浇注，否则硬质合金刀片会因骤冷而产生裂纹。（　）

18．粗加工应选用以冷却为主的乳化液。（　）

19．在加工一般钢件（中碳钢）时，精车时用乳化液，粗车时用切削油。（　）

20．使用硬质合金刀具切削时，应在刀具温度升高后再加注切削液，以便降温。（　）

21．车刀刀具硬度与工件材料硬度一般相等。（　）

22．目前常用的车刀材料有高速钢、硬质合金、涂层刀具材料和超硬刀具材料。（　）

23．高速钢刀具制造简单，有较好的工艺性和足够的强度及韧性，可制造形状复杂的刀具。（　）

24．如果要求切削速度保持不变，则当工件直径增大时，转速应相应降低。（　）

25．切削用量包括背吃刀量、进给量和工件转速。（　）

26．切削速度是指切削加工时，刀具切削刃选定点相对于工件的主运动的瞬时速度。（　）

27．进给量是指工件每转一分钟，车刀沿进给运动方向的相对位移。（　）

28．背吃刀量是指工件已加工表面和待加工表面间的垂直距离。（　）

29．车刀的基本角度有前角、主后角、副后角、主偏角、副偏角和刃倾角。（　）

30．精车时刃倾角应取负值。（　）

三、单项选择题

1．车削时切削速度的计算公式为 $v=$（　）。

A．$\pi dn/1\,000$　　B．$d_m - d_w/2$　　C．$\pi dn/100$　　D．πdn

2．车床主要适合加工（　）类零件。

A．回转体　　B．箱体　　C．曲轴　　D．齿轮

3．以下不属于三爪自定心卡盘特点的是（　）。

A．找正方便　　B．夹紧力大　　C．装夹效率高　　D．自动定心好

4．同轴度要求较高、工序较多的长轴用（　）装夹较合适。

A．四爪单动卡盘　　B．三爪自定心卡盘　　C．两顶尖　　D．一夹一顶

5．外圆车刀的切削部分中，规定切屑沿其流出的刀具表面是（　）。

A. 副后面　　B. 主后面　　C. 基面　　D. 前面

6. 在车床上加工细长轴的一部分端面时，使用的辅具是（　）。

A. 跟刀架　　B. 中心架　　C. 鸡心夹头　　D. 顶尖

7. 在车床上加工细长轴的外圆时，使用的辅具是（　）。

A. 跟刀架　　B. 中心架　　C. 鸡心夹头　　D. 顶尖

8. 车螺纹时主要使用（　）传动。

A. 光杠　　B. 丝杠　　C. 传动轴　　D. 齿轮

9. CA6140 型卧式车床的刀架能安装的车刀为（　）把。

A. 1　　B. 2　　C. 3　　D. 4

10. 外圆车刀的切削部分中，规定与工件上已加工表面相对的刀具表面是（　）。

A. 前面　　B. 主后面　　C. 副后面　　D. 切削平面

11. 外圆车刀的切削部分中，规定与工件上过渡表面相对的刀具表面为（　）。

A. 前面　　B. 主后面　　C. 副后面　　D. 切削平面

12. 连接主切削刃和副切削刃的一段小的圆弧或直线被称为（　）。

A. 前角　　B. 后角　　C. 副后面　　D. 刀尖

13. 通过主切削刃上某一指定点，同时垂直于该点基面和切削平面的平面称为（　）。

A. 主后面　　B. 副后面　　C. 正交平面　　D. 前面

14. 在刀具标注角度参考系中，通过主切削刃上选定点，并与该点切削速度方向相垂直的平面是（　）。

A. 基面　　B. 切削平面　　C. 正交平面　　D. 前面

15. 在基面内测量的主切削刃在基面上的投影与进给运动方向的夹角称为（　）。

A. 前角　　B. 主后角　　C. 主偏角　　D. 副偏角

16. 在切削平面内测量的主切削刃与基面之间的夹角称为（　）。

A. 前角　　B. 主后角　　C. 主偏角　　D. 刃倾角

17. 在正交平面内标注的前面与基面之间的夹角称为（　）。

A. 前角　　B. 主偏角　　C. 副偏角　　D. 后角

18. 在正交平面内标注的主后面与切削平面之间的夹角称为（　）。

A. 前角　　B. 主后角　　C. 主偏角　　D. 刃倾角

19. 在基面内测量的主切削刃与副切削刃的夹角称为（　）。

A. 刀尖角　　B. 楔角　　C. 主偏角　　D. 副偏角

20. 耐热性最好的刀具材料为（　）。

A. 高速钢　　B. 硬质合金　　C. 陶瓷　　D. 金刚石

21. 不能切削黑色金属的刀具材料是（　）。

A. 高速钢　　B. 硬质合金　　C. 陶瓷　　D. 金刚石

22. 切削用量三要素选用的顺序为（　）。

A. 背吃刀量 a_p→进给量 f→切削速度 v_c

B. 切削速度 v_c→进给量 f→背吃刀量 a_p

C. 进给量 f→切削速度 v_c→背吃刀量 a_p

D. 进给量 f→背吃刀量 a_p→切削速度 v_c

23. 为提高效率，粗加工工件时，选择切削用量首先考虑的参数是（　　）。

A. 主轴转速　　B. 背吃刀量　　C. 切削宽度　　D. 进给量

24. 材料在高温下能够保持其硬度的性能是（　　）。

A. 耐腐蚀性　　B. 耐磨性　　C. 耐热性　　D. 工艺性

25. 车刀的副偏角对工件的（　　）有影响。

A. 尺寸精度　　B. 形状精度　　C. 表面粗糙度　　D. 散热

四、简答题

1. 刀具材料应具备哪些性能？

2. 在图 2—1—1 中合适的位置标出车刀各部分名称。

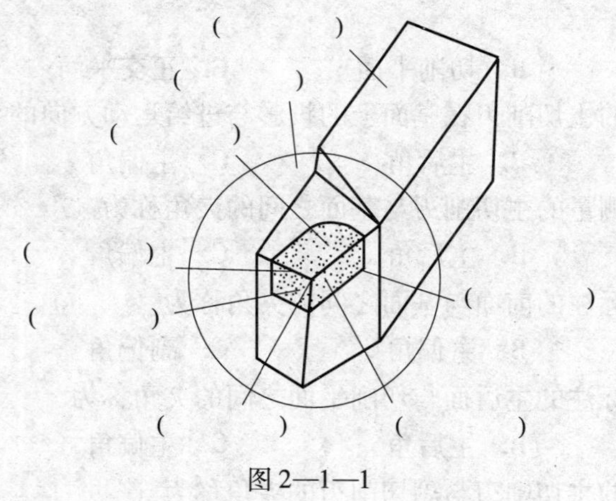

图 2—1—1

3. 车刀安装时应注意哪些事项？

4. 填写下表。

车削种类	尺寸公差等级	表面粗糙度 *Ra*
粗车		
半精车		
精车		

5. 简述切削加工的特点。

6. CA6140 型车床的主要功能部件有哪些?

7. 常用车刀种类有哪些?

8. 车削加工时常用夹具有哪些?

课题二 铣削加工

一、填空题

1. 铣削用量四要素为__________、__________、__________和__________。

2. 铣床在进行切削加工时，如进给方向与切削力的水平分力方向相同，称为________；如相反，则称为__________。

3. 用铣刀的圆周刀齿进行切削的称为__________，用铣刀的端面齿进行切削的称为__________。

4. 立式铣床主轴与工作台面相____________，卧式铣床主轴与工作台面相________。

5. 立铣刀多为带柄铣刀，有直柄和锥柄之分。一般直径小于 20 mm 的较小铣刀做成__________，直径较大的铣刀多做成__________。

6. X5032 型铣床主轴变速机构可实现__________种不同转速，传递给主轴，以适应铣削的需要。

7. 铣削加工时，____________________为主运动，铣刀相对于工件纵向、横向运动为__________运动。

8. 拆卸刀杆时，松开拉紧螺杆螺母后，用锤子敲击螺杆端部的作用是______________。

9. X5032 型铣床主轴是前端带锥孔的空心轴，锥孔锥度为______________，用来安装__________和__________。

10. 铣削用量的选择应当根据______________________、铣刀的__________________及______________，首先选定____________，其次是____________，最后确定____________。

二、判断题

1. 铣削半圆键的键槽时一般采用键槽铣刀。 ( )

2. 铣削平面时尽可能采用周铣。 ( )

3. 较小的斜面可以用角度铣刀直接铣出。 ( )

4. 立式铣床采用端铣加工平面时一般选用立铣刀。 ( )

5. 台阶和沟槽与零件其他表面的相对位置一般用游标卡尺、百分表或千分尺来测量。 ( )

6. 在铣床上加工外花键，单件生产用一把三面刃铣刀铣削，成批生产用两把三面刃铣刀组合铣削。 ( )

7. 铣削带有斜面的工件时，应先加工斜面，然后再加工其他平面。 ( )

8. 机床用平口虎钳钳口与工作台面不垂直或基准面与固定钳口未贴合均可造成工件垂直度超差。 ( )

9. 铣刀切削部分常用材料应满足的基本要求是足够的硬度、韧性和强度。 ( )

10. W18Cr4V 是钨系高速钢，具有较好的综合性能，所以各种通用铣刀大都采用这种牌号的高速钢制造。 ( )

11. 单件生产以大径定心的外花键时，在铣床上用通用铣刀加工；成批生产用专用铣刀加工，也可用通用铣刀进行粗加工。 （ ）

三、单项选择题

1. 铣削方式包括顺铣和（ ）。

A. 逆铣 B. 周铣 C. 端铣 D. 混合铣

2. 使用三面刃铣刀铣键槽属于（ ）。

A. 逆铣 B. 周铣 C. 端铣 D. 周铣和端铣

3. 曲面加工通常采用的刀具为（ ）。

A. 圆柱铣刀 B. 球面铣刀 C. 立铣刀 D. 三面刃铣刀

4. 铣刀每转过一周，工件相对于铣刀移动的距离称为（ ）。

A. 铣削速度 B. 每齿进给量 C. 每转进给量 D. 进给速度

5. 精铣时，限制进给量提高的主要因素是（ ）。

A. 切削力 B. 表面粗糙度 C. 表面硬度 D. 加工余量

6. 铣床上用的分度头和各种虎钳都是（ ）夹具。

A. 专用 B. 通用 C. 组合 D. 特殊

7. 在加工较长的台阶时，机床用平口虎钳的固定钳口或工件的侧面应校正到与（ ）平行。

A. 纵向进给方向 B. 横向进给方向 C. 进给方向 D. 工作台

8. 切削液应浇注到刀齿与工件接触处，即尽量浇注到靠近（ ）的地方。

A. 温度最高 B. 切削刃工作

C. 切削力最大 D. 切削变形最大

9. 硬质合金铣刀进行高速切削时，由于刀齿耐热性好，因此一般不用切削液，必要时可用（ ）。

A. 煤油 B. 乳化液 C. 压缩空气 D. 硫化油

10. 刀具在切削过程中承受很大的（ ），因此要求刀具切削部分材料具有足够的强度和韧性。

A. 切削力 B. 切削抗力 C. 冲击力 D. 振动

11. 在不影响铣削的条件下，（ ）应尽量靠近铣刀，以增加刀轴的刚度。

A. 挂架 B. 拉杆 C. 短刀轴 D. 长刀轴

12. 用端铣加工矩形工件垂直面时，不影响垂直度的因素为（ ）。

A. 立铣头的“零位”不准 B. 铣刀刃磨质量差

C. 铣床主轴轴线与工件基准面不垂直 D. 铣刀刚度不足

13. 铣刀切削刃作用在工件上的力在进给方向上的铣削分力与工件的进给方向相同的铣削方式称为（ ）。

A. 顺铣 B. 逆铣 C. 对称铣削 D. 非对称铣削

14. 端面铣削时，根据铣刀与工件之间的（ ）不同，分为对称铣削和非对称铣削。

A. 相对位置 B. 偏心量 C. 运动方向 D. 距离

15. 下列说法错误的是（ ）。

A. 对刀不准可造成尺寸公差超差

B. 测量不准不会造成尺寸公差超差

C. 若铣削过程中工件有松动现象，可造成尺寸公差超差

D. 刻度盘格数摇错或没有考虑间隙，可造成尺寸公差超差

16. 在整个矩形工件的加工过程中，尽量采用同一基准面，这样可减少或避免（　　）。

A. 装配误差　　B. 累积误差　　C. 加工误差　　D. 定位误差

17. 在轴上铣键槽时，不论用哪一种夹具进行装夹，都必须将工件的轴线找正到与（　　）一致。

A. 铣刀轴线　　B. 机床轴线　　C. 进给方向　　D. 夹具轴线

18. 用万能分度头分度时，如果分度手柄摇过了预定位置，则应将分度手柄退回（　　）以上，然后再按原来方向摇向规定的位置。

A. 30°　　B. 45°　　C. 90°　　D. 180°

19. 在万能分度头上装夹工件时，应先锁紧（　　）。

A. 分度蜗杆　　B. 分度手柄　　C. 分度叉　　D. 分度头主轴

20. 对大型的六角螺母及大而短的棱柱等多面体，可在（　　）上利用三爪自定心卡盘装夹进行加工。

A. 万能分度头　　B. 直接分度头　　C. 简单分度头　　D. 回转工作台

四、简答题

1. 什么是逆铣？什么是顺铣？试分析逆铣和顺铣的工艺特征。

2. 铣削用量的选择原则是什么？

3. 常用铣床的种类有哪些?

4. 机床编号 X5032 的含义是什么?

5. 铣削加工的操作要领是什么?

6. 使用分度头时的注意事项有哪些?

课题三　刨削加工

一、填空题

1. 刨刀的刀头由________、________、________、________、__________及刀尖组成。

2. 刨刀按结构形式分为__________刨刀、________刨刀和__________刨刀。

3. 刨削时，从____________传散的热量最多，其次是___________、_____________和__________。

4. 刨削加工时用做定位基准的表面一般都是__________和__________。

5. 刨水平面是最基本的刨削加工方法，常可按以下顺序完成：__________、刀具选择及安装、__________、__________、选择切削用量和__________等。

6. 刨削加工机床主要有__________、__________和__________三种类型。

7. 牛头刨床结构简单，__________，调整及维修方便，生产率较低，主要用于中、小工件的__________、__________等加工。

8. 插床加工范围较广，加工费用比较低，但生产效率不高，对工人的技术要求较高，一般进行__________生产，主要用于__________的加工。

二、判断题

1. 对于形状简单、尺寸很大的工件，可用机床用平口虎钳装夹加工。（　　）

2. 刨削V形槽时，先切出底部的直角形槽是为了刨斜面时有空刀位置。（　　）

3. 产生加工硬化的主要原因是刀具刃口太钝。（　　）

4. 机床用平口虎钳和压板可用做刨削加工的夹具。（　　）

5. 安装刨削夹具时，应先将夹具校正，再紧固在工作台上。（　　）

6. 刨削深度是工件已加工表面和待加工表面之间的垂直距离。（　　）

7. 采用宽刃刀精刨可获得与刮研相近的精度。（　　）

8. 在刨床上加工的曲面通常是直线曲面。（　　）

三、单项选择题

1. 较小的工件通常放在（　　）上加工，大型工件则放在（　　）上加工。

A. 牛头刨床　　B. 龙门刨床

2. （　　）是牛头刨床的主要运动零件。

A. 工作台　　B. 刀架　　C. 滑枕

3. 在刨床刨削时，刨刀的往复运动属于（　　）。

A. 主运动　　B. 进给运动　　C. 切削运动

4. 粗刨刀的选择原则是在保证刨刀有足够（　　）的条件下磨得锋利些。

A. 强度　　B. 硬度

5. 在刨削斜面的方法中，（　　）常用于工件数量较少的情况。

A．倾斜刀架法　　B．斜装工件水平走刀法

四、简答题

1．牛头刨床基本操作步骤是什么？

2．刨削斜面的方法有哪些？

3．刨刀的种类有哪些？

4．刨刀的安装方法是什么？

5．怎样用刨刀加工斜面？

6．怎样用刨刀加工 V 形槽？

7．刨削工件前，使用机床用平口虎钳装夹工件的注意事项有哪些？

课题四 磨削加工

一、填空题

1. 砂轮是由磨料加结合剂并用制造陶瓷的工艺方法制成的，它由＿＿＿＿＿＿、＿＿＿＿＿＿、＿＿＿＿＿＿三元素组成。

2. 决定砂轮特性的五个要素分别是＿＿＿＿、＿＿＿＿、＿＿＿＿、＿＿＿＿和＿＿＿＿。

3. 结合剂的作用是将磨粒粘接在一起，使砂轮具有一定的＿＿＿＿、＿＿＿＿、＿＿＿＿、＿＿＿＿和＿＿＿＿等性能。

4. 平面磨削方法有＿＿＿＿和＿＿＿＿两种。

5. 工件的外圆一般在普通外圆磨床或万能外圆磨床上磨削。外圆磨削一般有＿＿＿＿、＿＿＿＿和＿＿＿＿三种方式。

6. 常用的万能外圆磨床主要由＿＿＿＿、＿＿＿＿、＿＿＿＿、＿＿＿＿、砂轮架和内圆磨具等部件组成。

7. 工件材料较硬时，选用＿＿＿＿（较软，较硬）的砂轮；工件与砂轮接触面积大，工件的导热性差时，选用＿＿＿＿（较软，较硬）的砂轮；精磨或成形磨削时，选用＿＿＿＿（较软，较硬）的砂轮；粗磨时应选用＿＿＿＿（较软，较硬）的砂轮。

8. 如果砂轮间隙过小，必须＿＿＿＿＿＿后再安装，以免砂轮因长轴在磨削时受热膨胀而使砂轮胀裂。

二、判断题

1. 平形砂轮用于磨削外圆、内孔、平面，并用于无心磨削。（　）

2. 用碳化硅磨具磨削钢材时，磨具磨损比用刚玉磨具磨削钢材时快。（　）

3. 采用适当降低砂轮线速度、磨削深度和适当提高工件转速的方法，可有效降低磨削温度，提高磨削质量。（　）

4. 一般来说，磨料硬度应比工件材料硬度高出 2 倍以上，否则较低硬度的磨料在高速切削过程中会迅速钝化而失去切削能力，使砂轮耐用度过低而影响切削效率，并且加工质量得不到保证。（　）

5. 砂轮的硬度是指组成砂轮的磨粒的硬度。（　）

6. 平面磨削的加工质量比刨削和铣削都高，还可以加工淬硬零件。（　）

7. 切削液要正对着砂轮和工件的接触线，先开切削液再磨削，防止任何中断切削液的情况；要定期更换切削液，定期更换过滤系统的过滤元件。（　）

8. 粒度是表示网状空隙大小的参数。（　）

9. 砂轮的粒度对工件的表面粗糙度和磨削效率没有影响。（　）

三、单项选择题

1. 装夹砂轮时，要清理干净砂轮轴及砂轮卡盘内锥孔的杂质，以免造成（　　）。

A．速度不稳　　　　B．工件表面不光滑　C．砂轮偏心

2．为了避免砂轮表面形成唱片纹或个别凸起，建议修最后一刀时（　　）。

A．走空刀　　　　　B．减小进刀量　　　C．加大进刀量

3．磨削时切削液除了具有良好的冷却作用外，还要求切削液流动性好、渗透性强，在磨削区域起到良好的（　　），冲走磨屑和脱落的砂粒，保持砂轮的磨削性能。

A．清洗作用　　　　B．保护作用　　　　C．氧化作用

4．磨床磨削的主运动是（　　）。

A．砂轮的旋转运动　B．砂轮的进给运动　C．工件的旋转运动

5．砂轮的不平衡是指砂轮的重心与（　　）不重合，即由不平衡质量偏离旋转中心所致。

A．旋转中心　　　　B．加工中心　　　　C．机床中心

6．磨具硬度的选择主要根据（　　）、磨削方式、磨削状况决定。

A．材料性质　　　　B．工件结构　　　　C．工件图样

7．砂轮由磨粒、（　　）、气孔三部分组成。

A．结合剂　　　　　B．矿石　　　　　　C．金刚石

8．砂轮高速旋转时，任何部分都受到（　　）的作用，且其大小与砂轮圆周速度的平方成正比。

A．离心力　　　　　B．向心力　　　　　C．切削力

四、简答题

1．简述砂轮的检验方法。

2．砂轮静平衡的步骤是什么？

3. 磨削时平面度超差的原因有哪些？

4. 磨削时垂直度超差的原因有哪些？

5. 磨削外圆的方法是什么？

课题五 钻削加工

一、填空题

1. 钻削加工的主要设备有__________、__________、__________和__________，是由主轴旋转运动带动刀具旋转并做轴向移动的孔加工设备。

2. 麻花钻由工作部分、颈部和柄部组成。柄部是__________。颈部用于磨制钻头时退刀，钻头的规格、材料和商标都标在颈部。工作部分又分为__________和__________。

3. 切削速度指钻削时钻头切削刃上最大直径处的__________。钻削加工的加工精度低，尺寸精度只能达到__________，表面粗糙度值只能达到__________。

4. 钻削是用来加工孔的方法，钻削时__________与__________做轴向相对运动来形成进给运动。

5. 钻孔精度中孔的精度主要受__________、__________、__________、__________、__________以及孔口毛刺等因素影响。

二、判断题

1. 在进给手柄的控制下，主轴的向上直线运动为进给运动。（ ）

2. 调整钻床主轴位置时，先将夹紧机构松开，外立柱和摇臂能绕内立柱转动。（ ）

3. 一般直径小于 18 mm 的钻头做成直柄形式。（ ）

4. 在小型工件或薄板工件钻直径小于 8 mm 的孔可用手虎钳夹持。（ ）

5. 圆柱面钻孔时，用台虎钳装夹。（ ）

6. 钻精度较高的孔时用润滑性好的切削液，除了起冷却作用外，更重要的是起润滑作用。（ ）

7. 钻小孔时，因为钻头速度很高，钻头在空气中冷却很快，所以不能用切削液。（ ）

8. 钻孔时，切削速度与钻头直径成正比。（ ）

9. 麻花钻的横刃是两个主切削刃的交线。（ ）

10. 麻花钻有直柄和锥柄两种。（ ）

11. 麻花钻的切削部分由五刃和五面组成。（ ）

12. 较大的工件用压板螺栓在钻床工作台上装夹时，螺栓应尽量靠近工件，以加大压紧力。（ ）

13. 钻削铝合金时要用煤油作为切削液。（ ）

14. 钻削直径 45 mm、深 80 mm 的孔可用游标卡尺检测其尺寸精度。（ ）

三、单项选择题

1. 钻削时，切削热传出的途径中所占比例最大的是（ ）。

A. 刀具　　B. 工件　　C. 切屑　　D. 空气介质

2. 钻孔时加入切削液起不到的作用是（　　）。

A. 有利于切削热的传导　　B. 可增加切削力

C. 可提高孔壁表面质量　　D. 提高钻头的切削能力

3. 麻花钻越接近中心处，前角（　　），切削条件越差。

A. 越小　　B. 越大　　C. 没有变化　　D. 为 0°

4. 当钻头后角增大时，横刃斜角（　　）。

A. 减小　　B. 增大　　C. 不变　　D. 不确定

5. 铰孔结束后，铰刀应（　　）退出。

A. 反转　　B. 正转　　C. 正反转均可　　D. 停车

四、简答题

1. 在图 2—5—1 中填写麻花钻各部分名称。

图 2—5—1

2. 简述钻孔时孔径扩大的原因。

3．钻床主要分哪几种类型？

4．钻床的操作要领是什么？

模块三　数控加工

课题一　数控车削加工

一、填空题

1．数控车床按主轴形式主要有＿＿＿＿＿＿＿、＿＿＿＿＿＿，卧式数控车床还包括＿＿＿＿＿、＿＿＿＿＿两种。

2．不论数控机床是＿＿＿＿运动，还是＿＿＿运动，编程时均以＿＿＿＿＿的运动轨迹来编写程序。

3．一个完整的数控程序是由＿＿＿＿＿、＿＿＿＿＿、＿＿＿＿＿三部分组成的。

4．数控系统操作面板由＿＿＿＿＿和＿＿＿＿＿两部分组成，其中显示屏主要用来显示相关＿＿＿＿、＿＿＿、＿＿＿、＿＿＿、＿＿＿、＿＿＿＿＿的信息。

5．NC 程序由各个＿＿组成，每个＿＿＿执行一个加工步骤。＿＿＿由若干个字组成，字由＿＿＿＿＿和＿＿＿＿＿组成，程序结束包含程序结束符 M02 或 M30。

二、判断题

1．从 *A* 点（X20，Y10）到 *B* 点（X60，Y30），分别使用 G00 及 G01 指令编制程序，其刀具路径相同。（　）

2．模态 G 代码可以放在一个程序段中，而且与顺序无关。（　）

3．数控机床坐标轴定义顺序是先确定 *Z* 轴，然后确定 *X* 轴，最后按右手定则确定 *Y* 轴。（　）

4．G40 是数控编程中的刀具左补偿指令。（　）

5．加工箱体类零件平面时，应选择数控车床进行加工。（　）

6．当数控加工程序编制完成后即可进行正式加工。（　）

7．所有数控机床的机床坐标原点和机床参考点是重合的。（　）

8．通常在命名或编程时，不论何种机床，都一律假定工件静止，刀具移动。（　）

9．在 FANUC 数控车系统中，G71、G72、G73 指令可以进行刀尖圆弧半径补偿。（　）

10．数控车床在按 F 速度进行圆弧插补时，其 *X*、*Z* 两个轴分别按 F 速度运行。（　）

11．辅助功能 M00 为无条件程序暂停，执行该程序指令后，所有运动部件停止运动，且所有模态信息全部丢失。（　）

12．当电源接通时，每一个模态组内的 G 功能维持上一次断电前的状态。（　）

13．在准备功能指令中，G40 为模态指令。 （　　）

三、单项选择题

1．判断数控车床（只有 *X*、*Z* 轴）圆弧插补的顺逆时，观察者沿圆弧所在平面的垂直坐标轴（*Y* 轴）的负方向看去，顺时针方向为 G02，逆时针方向为 G03。通常，圆弧的顺逆方向判别与车床刀架位置有关，如图 3—1—1 所示，正确的说法为（　　）。

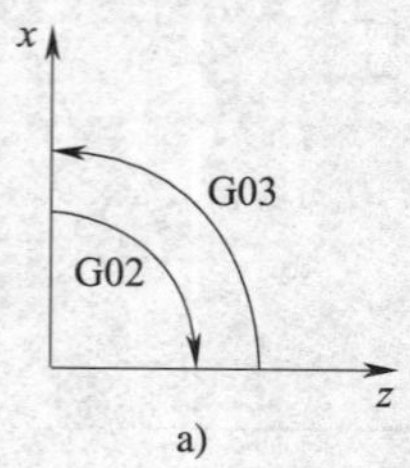

a)

z
G02
G03
x

b)

图 3—1—1

A．图 3—1—1a 表示刀架在机床内侧时的情况

B．图 3—1—1b 表示刀架在机床外侧时的情况

C．图 3—1—1b 表示刀架在机床内侧时的情况

D．以上说法均不正确

2．某轴线对基准中心平面的对称度公差为 0.1 mm，则允许该轴线对基准中心平面的偏离量为（　　）mm。

A．0.1　　B．0.05　　C．0.15　　D．0.2

3．数控系统的报警大体可以分为操作报警、程序错误报警、驱动报警及系统错误报警。某个程序在运行过程中出现“圆弧端点错误”属于（　　）。

A．程序错误报警　　B．操作报警

C．驱动报警　　D．系统错误报警

4．在辅助功能指令中，（　　）是无条件程序暂停指令。

A．M00　　B．M01　　C．M02　　D．M03

5．在 G 代码中，（　　）是一次有效 G 代码。

A．G00　　B．G04　　C．G90　　D．G01

6．关于代码模态的描述正确的是（　　）。

A．只有 G 功能有模态，F 功能没有

B．G00 指令可被 G32 指令取代

C．在 G00 G01 X100.5 程序段中，G01 无效

D．G01 指令可被 G71 取代

7．编制整圆程序时，下列描述正确的是（　　）。

A．可以用绝对坐标 I 或 K 指定圆心

B．可以用半径 R 编程

C．必须用相对坐标 I 或 K 编程

D．A 和 B 皆对

8. 数控车床的 X 轴正方向为（　　）。

A. 水平向右　　B. 向前

C. 向后　　D. 从主轴轴线指向刀架

9. 影响数控车床加工精度的因素很多，要提高加工工件的质量，有很多措施，但（　　）不能提高加工精度。

A. 将绝对编程改变为增量编程

B. 正确选择车刀类型

C. 控制刀尖中心高误差

D. 减小刀尖圆弧半径对加工的影响

10. 数控编程应首先设定（　　）。

A. 机床原点　　B. 固定参考点　　C. 机床坐标系　　D. 工件坐标系

11. 下列指令为模态指令的是（　　）。

A. G01　　B. G04　　C. G27　　D. G28

四、简答题

1. 数控加工编程的主要内容有哪些?

2. 简述 G00 与 G01 程序段的主要区别。

3. 数控机床加工和普通机床加工相比有何特点?

4．简述换刀点和工件坐标原点的概念。

五、编程题

1．如图 3—1—2 所示工件，毛坯为 ϕ40 mm × 60 mm 的 45 钢，加工外圆 ϕ30 mm 和 ϕ20 mm 部分，采用单一固定循环编程指令 G90 编写其加工程序。

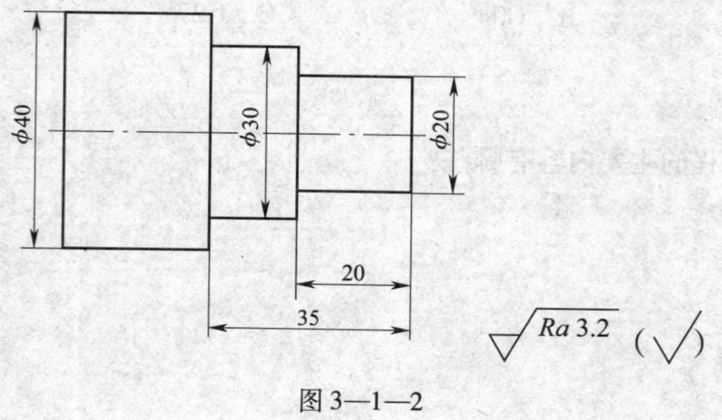

图 3—1—2

2．如图 3—1—3 所示工件，毛坯为 ϕ40 mm × 50 mm 的 45 钢，加工零件圆锥部分，采用单一固定循环编程指令 G90 编写其加工程序。

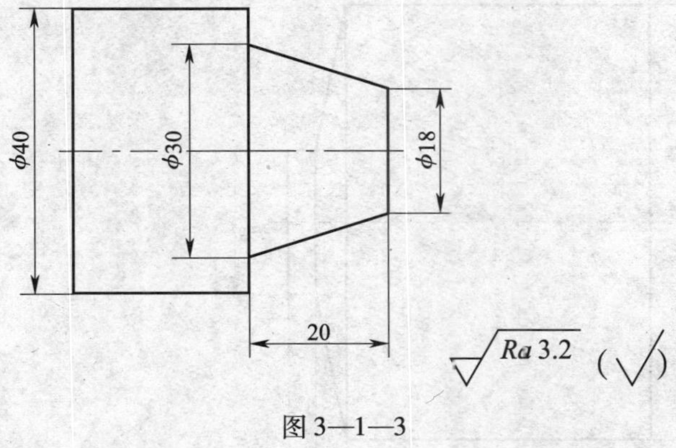

图 3—1—3

3．如图 3—1—4 所示工件，毛坯为 ϕ60 mm × 50 mm 的 45 钢，加工部分为 ϕ20 mm 处外圆，采用单一固定循环编程指令 G94 编写其加工程序。

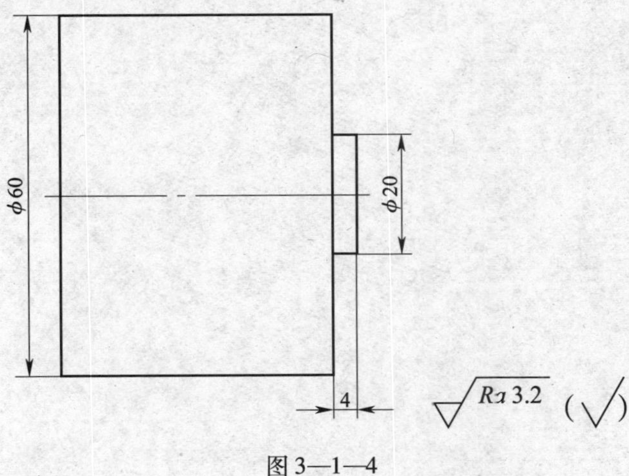

图 3—1—4

4．如图 3—1—5 所示工件，毛坯为 $\phi60$ mm × 50 mm 的 45 钢，加工部分为 $\phi20$ mm 外圆及锥面，采用单一固定循环编程指令 G94 编写其加工程序。

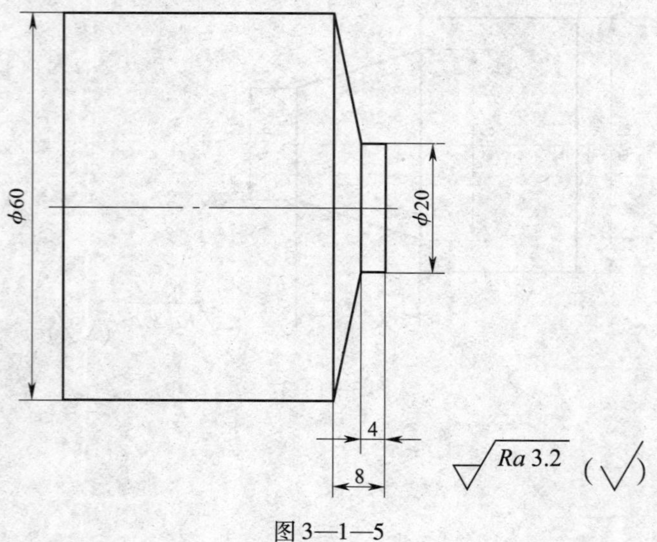

图 3—1—5

5．如图 3—1—6 所示工件，毛坯为 $\phi 60$ mm × 60 mm 的 45 钢，加工部分为零件的右部各表面，采用复合固定循环编程指令 G72 编写其粗加工程序，采用 G70 编写其精加工程序。

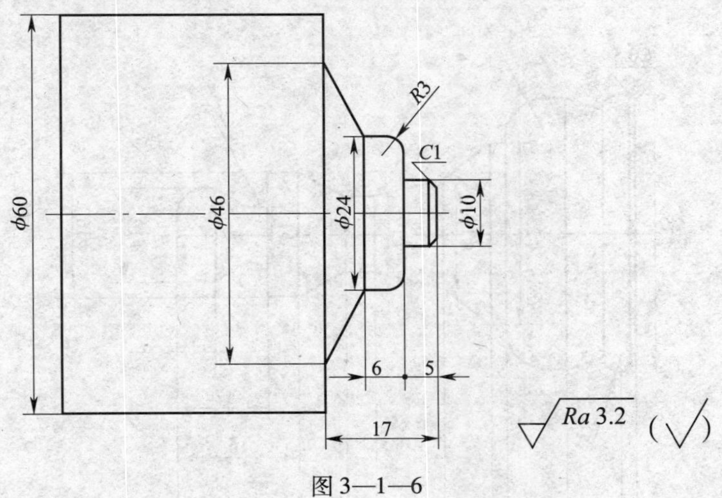

图 3—1—6

6. 如图 3—1—7 所示工件，毛坯为 ϕ40 mm × 80 mm 的 45 钢，采用复合固定循环编程指令 G73 编写其粗加工程序，采用 G70 编写其精加工程序。手动切断。

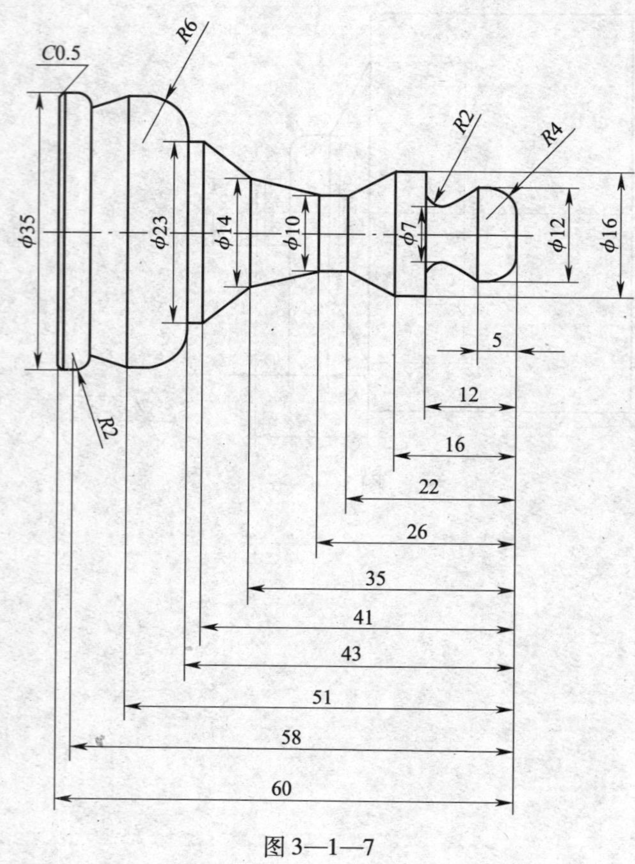

图 3—1—7

（1）刀具选择

T1 号刀：93°外圆车刀。T2 号刀：35°外圆车刀。T3 号刀：外车槽刀（刀宽 4 mm）。

（2）切削参数的选择

序号	加工面	刀具号	刀具类型	主轴转速（r/min）	进给速度（mm/r）
1	车外形	T1	35°外圆车刀	粗 600，精 800	粗 0.2，精 0.1
2	切外槽	T2	外车槽刀（刀宽 4 mm）	450	手动

7. 如图 3—1—8 所示工件，毛坯为 ϕ40 mm×90 mm 的 45 钢，采用复合固定循环编程指令 G73 编写其粗加工程序，采用 G70 编写其精加工程序并使用刀具半径补偿。自动切断。

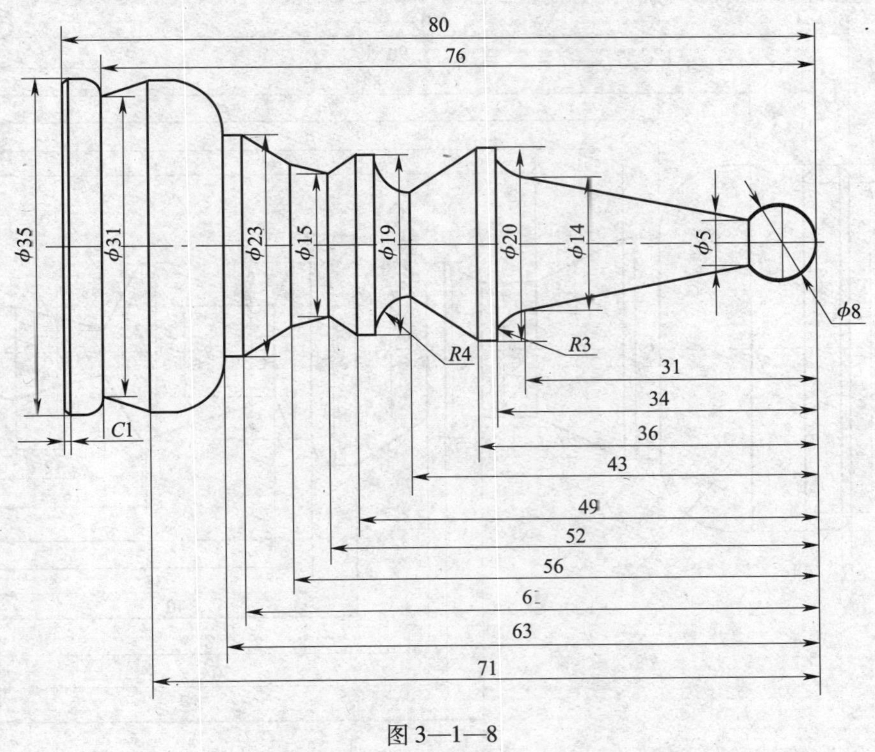

图 3—1—8

（1）刀具选择

T1 号刀：93°外圆车刀。T2 号刀：35°外圆车刀。T3 号刀：外车槽刀（刀宽 4 mm）。

（2）切削参数的选择

序号	加工面	刀具号	刀具类型	主轴转速（r/min）	进给速度（mm/r）
1	车端面	T1	93°外圆车刀	600	0.1
2	车外形	T2	35°外圆车刀	粗 600，精 800	粗 0.2，精 0.1
3	切外槽	T3	外车槽刀（刀宽 4 mm）	450	0.06

8．如图 3—1—9 所示工件，毛坯为 ϕ45 mm × 120 mm 的 45 钢，采用复合固定循环编程指令 G73 编写其粗加工程序，采用 G70 编写其精加工程序并使用刀具半径补偿。自动切断。

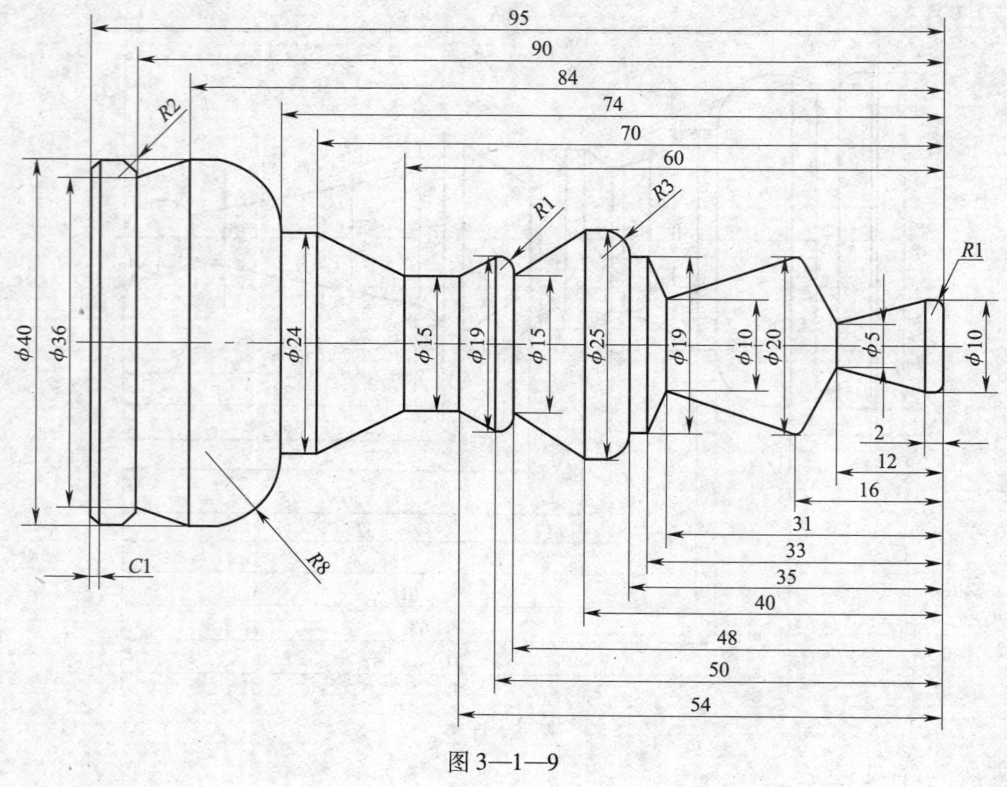

图 3—1—9

（1）刀具选择

T1 号刀：93°外圆车刀。T2 号刀：35°外圆车刀。T3 号刀：外车槽刀（刀宽 4 mm）。

（2）切削参数的选择

序号	加工面	刀具号	刀具类型	主轴转速（r/min）	进给速度（mm/r）
1	车端面	T1	93°外圆车刀	600	0.1
2	车外形	T2	35°外圆车刀	粗 600，精 800	粗 0.2，精 0.1
3	切外槽	T3	外车槽刀（刀宽 4 mm）	450	0.06

9. 如图 3—1—10 所示工件，毛坯为 ϕ45 mm × 125 mm 的 45 钢，采用复合固定循环编程指令 G73 编写其粗加工程序，采用 G70 编写其精加工程序并使用刀具半径补偿，使用恒线速切削指令 G96。使用倒角指令。自动切断。

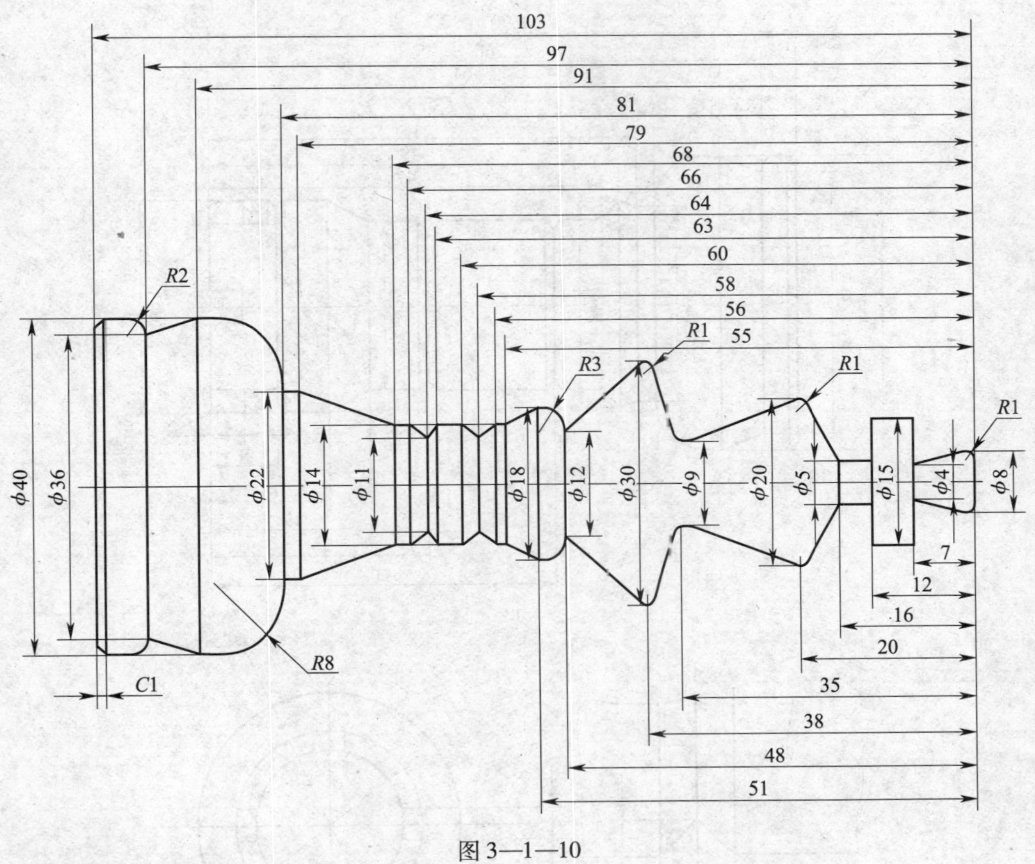

图 3—1—10

（1）刀具选择

T1 号刀：93°外圆车刀。T2 号刀：35°外圆车刀。T3 号刀：外车槽刀（刀宽 4 mm）。

（2）切削参数的选择

序号	加工面	刀具号	刀具类型	主轴转速（r/min）	进给速度（mm/r）
1	车端面	T1	93°外圆车刀	600	0. 1
2	车外形	T2	35°外圆车刀	粗 600，精 800	粗 0. 2，精 0. 1
3	切外槽	T3	外车槽刀（刀宽 4 mm）	450	0. 06

10. 如图 3—1—11 所示工件，毛坯为 ϕ40 mm×90 mm 的 45 钢，采用复合固定循环编程指令 G73 编写其粗加工程序，采用 G70 编写其精加工程序并使用刀具半径补偿。自动切断。

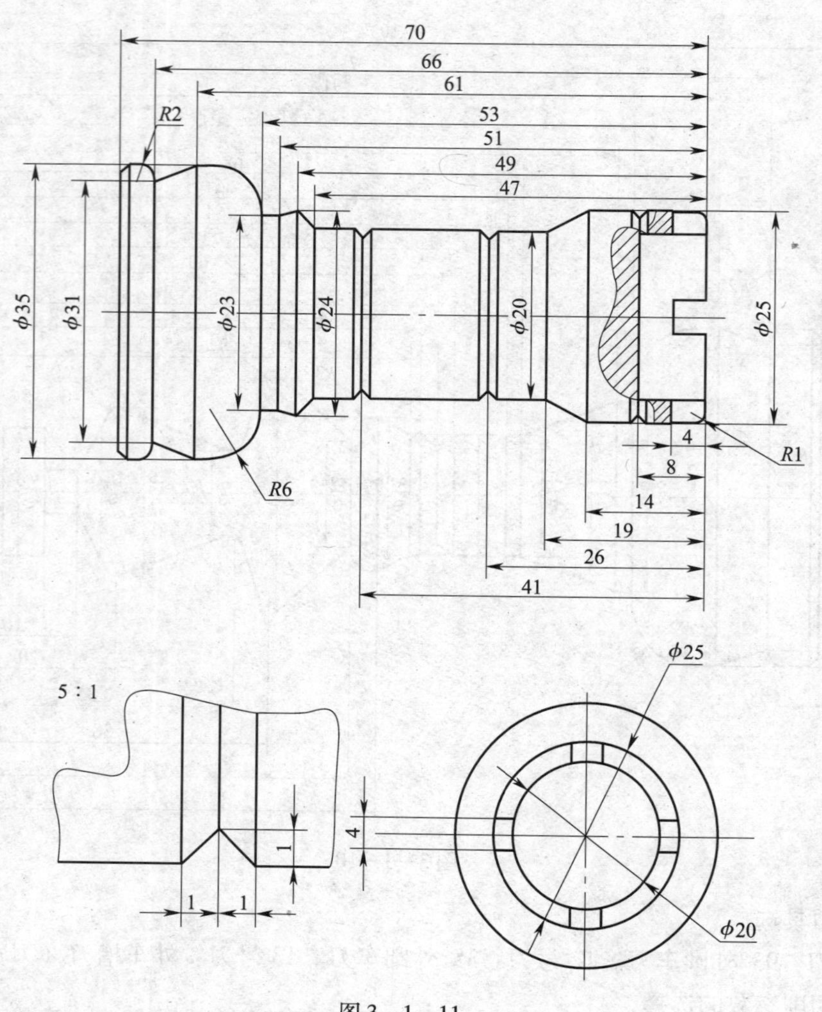

图 3—1—11

（1）刀具选择

T1 号刀：93°外圆车刀。T2 号刀：35°外圆车刀。T3 号刀：外车槽刀（刀宽 4 mm）。

（2）切削参数的选择

序号	加工面	刀具号	刀具类型	主轴转速（r/min）	进给速度（mm/r）
1	车端面	T1	93°外圆车刀	600	0. 1
2	车外形	T2	35°外圆车刀	粗 600，精 800	粗 0. 2，精 0. 1
3	切外槽	T3	外车槽刀（刀宽 4 mm）	450	0. 06

11. 如图 3—1—12 所示工件，毛坯为 ϕ40 mm × 100 mm 的 45 钢，采用复合固定循环编程指令 G75 编写其切槽程序。加工螺纹采用 G76。

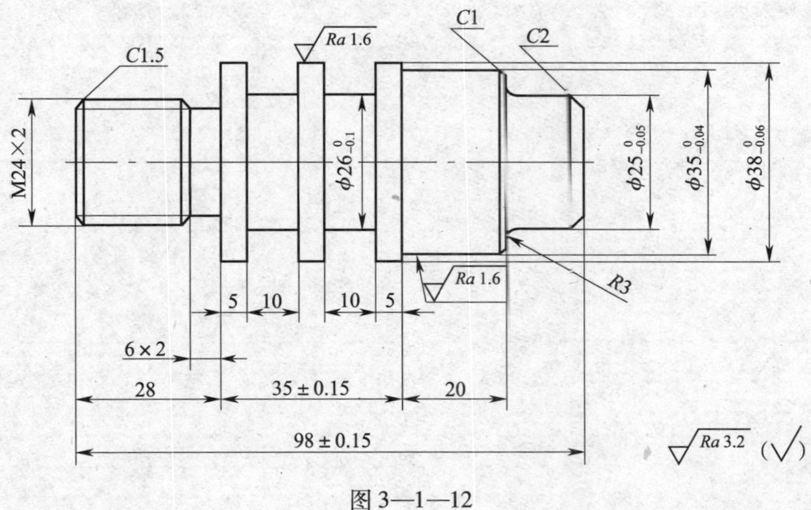

图 3—1—12

（1）刀具选择

T1 号刀：93°外圆车刀。T2 号刀：外车槽刀（刀宽 4 mm）。T3 号刀：60°外螺纹车刀。

（2）切削参数的选择

序号	加工面	刀具号	刀具类型	主轴转速（r/min）	进给速度（mm/r）
1	车外形	T1	93°外圆车刀	粗 600，精 800	粗 0.2，精 0.1
2	切外槽	T2	外车槽刀（刀宽 4 mm）	450	0.06
3	车外螺纹	T3	60°外螺纹车刀	600	2

右端加工程序：

左端加工程序：

12. 如图 3—1—13 所示工件，采用复合固定循环编程指令 G74 编写其切槽程序。切槽刀宽 4 mm。

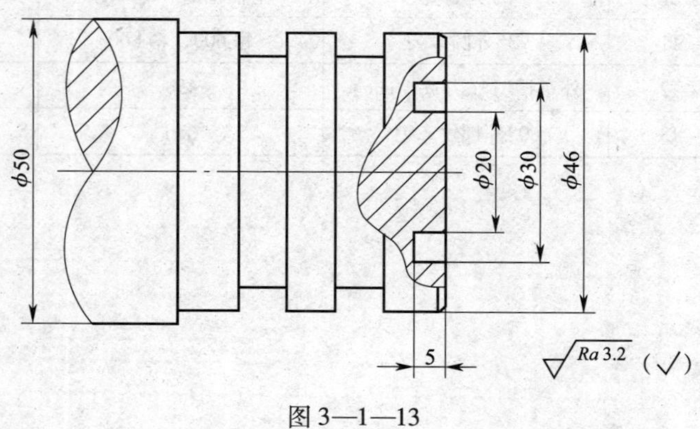

图 3—1—13

13. 如图 3—1—14 所示工件，毛坯为 ϕ40 mm × 117 mm 的 45 钢。切槽刀宽 5 mm。槽底暂停 0.5 s，采用 G04 指令。螺纹加工采用 G76 指令。

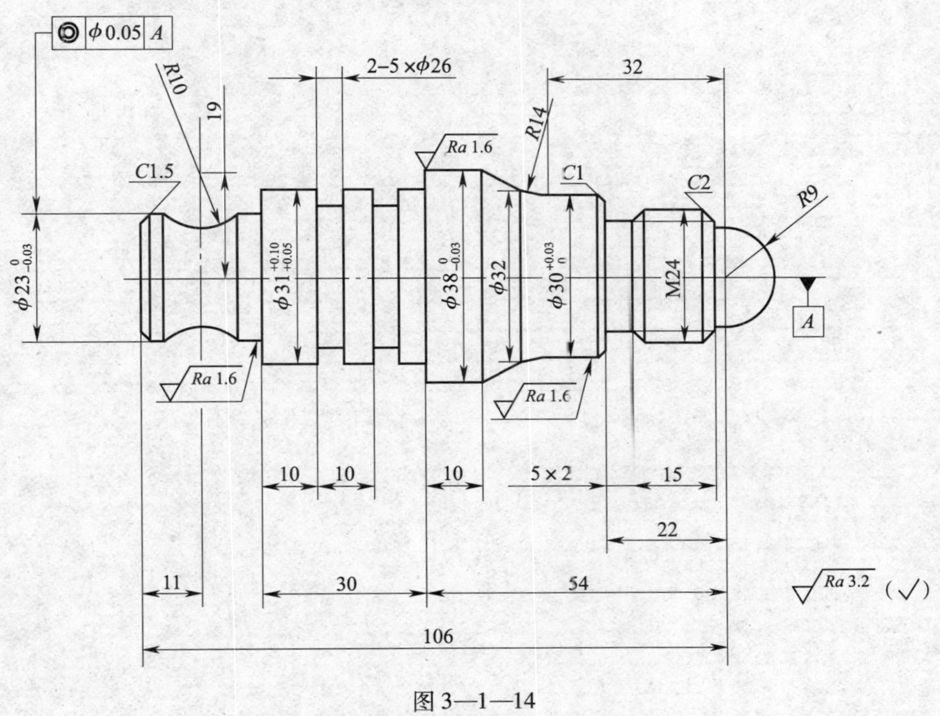

图 3—1—14

（1）刀具选择

T1 号刀：93°外圆车刀。T2 号刀：外车槽刀（刀宽 5 mm）。T3 号刀：60°外螺纹车刀。

（2）切削参数的选择

序号	加工面	刀具号	刀具类型	主轴转速（r/min）	进给速度（mm/r）
1	车外形	T1	93°外圆车刀	粗 600，精 800	粗 0.2，精 0.1
2	切外槽	T2	外车槽刀（刀宽 5 mm）	450	0.06
3	车外螺纹	T3	60°外螺纹车刀	600	3

左端加工程序：

右端加工程序：

课题二 数控铣削加工

一、填空题

1．数控铣床根据主轴形式主要有__________、__________、__________三种。

2．在G ____程序中，F值将不起作用。

3．数控机床坐标轴回零第一步为__________。

4．卧式升降台铣床可以加工各种零件的平面、斜面、沟槽等。如果使用适当的铣床附件，可加工__________、__________、__________及__________等特殊形状的零件。

5．铣刀的分类方法很多，按安装方法的不同可分为________和________两大类。

6．在铣削零件的内外轮廓表面时，为防止在刀具切入、切出时产生刀痕，应沿轮廓__________方向切入、切出，而不应__________方向切入、切出。

7．数控机床坐标系三坐标轴 X、Y、Z 及其正方向用__________判定，X、Y、Z 各轴的回转运动及其正方向 $+A$、$+B$、$+C$ 分别用__________判断。

8．刀具位置补偿包括__________和__________。

9．铣削加工采用顺铣时，铣刀旋转方向与工件进给方向__________。

10．用来指定圆弧插补的平面和刀具补偿平面为 XZ 平面的指令是__________。

11．用FANUC系统的指令编程，程序段“G02 X Y I J;”中的G02表示________，I和J表示______________。

12. 与机床主轴重合或平行的刀具运动坐标轴为________轴，远离工件的刀具运动方向为______________。

13. FANUC 0i 数控系统的操作面板由 CRT、__________和________组成。

二、判断题

1. 刀位点是刀具上代表刀具在工件坐标系的一个点。对刀时，应使刀位点与对刀点重合。 （　　）

2. 绝对值方式是指控制位置的坐标值均以机床某一固定点为原点来计算计数长度。 （　　）

3. 增量值方式是指控制位置的坐标是以上一个控制点为原点的坐标值。 （　　）

4. 数控铣床特别适用于零件的批量小、形状复杂、经常改型且精度高的加工场合。 （　　）

5. 插补运动的实际插补轨迹始终不可能与理想轨迹完全相同。 （　　）

6. 不同结构布局的数控铣床有不同的运动方式，但不论何种形式，编程时都认为工件相对于刀具运动。 （　　）

7. 铣削中发生紧急状况时，必须先按紧急停止开关。 （　　）

8. 下列指令内容为正确："G18 G02 X0.4 Y50.0 M08；"。 （　　）

9. 圆弧切削路径若只知起点、终点、圆弧半径值时，可能产生两种不同路径。 （　　）

10. 铣削沟槽时，端铣刀长度若伸出太长，则沟槽侧面的垂直度不良。 （　　）

11. 一般数控铣床在正常使用时，开机后的第一个步骤是各轴先行复归机械原点。 （　　）

12. 若 CNC 铣床长时间不使用，宜适时开机以避免 NC 资料遗失。 （　　）

13. 若使用 R 值指令法铣削圆弧，当圆心角小于或等于 180°时，R 值为正。 （　　）

三、单项选择题

1. （　　）表示绝对方式指定的指令。

A. G9　　B. G111　　C. G90　　D. G93

2. （　　）表示快速进给、定位指定的指令。

A. G50　　B. G00　　C. G66　　D. G62

3. （　　）表示程序暂停的指令。

A. M00　　B. G18　　C. G19　　D. G20

4. 刀具半径补偿指令中，G41 代表（　　）。

A. 刀具半径左补偿　　B. 刀具半径右补偿

C. 取消刀具补偿　　D. 选择平面

5. 刀具长度偏置指令用于刀具（　　）。

A. 轴向补偿　　B. 径向补偿　　C. 圆周补偿　　D. 圆弧补偿

6. 下列 G 指令中，（　　）是非模态指令。

A. G00　　B. G01　　C. G04

7. G17、G18、G19 指令可用来选择（　　）的平面。

A．曲线插补　　B．直线插补　　C．刀具半径补偿

8．下列指令属于准备功能字的是（　　）。

A．G01　　B．M08　　C．T01　　D．S500

9．铣削加工采用顺铣时，铣刀旋转方向与工件进给方向（　　）。

A．相同　　B．相反　　C．A、B 都可以

10．刀具远离工件的运动方向为坐标的（　　）方向。

A．右　　B．左　　C．正　　D．负

11．根据加工零件图样选定的编制零件程序的原点是（　　）。

A．机床原点　　B．编程原点　　C．加工原点　　D．刀具原点

12．数控铣床的默认加工平面是（　　）。

A．*XY* 平面　　B．*XZ* 平面　　C．*YZ* 平面　　D．不确定

13．关于程序段“N0012 G92 X200.0 Y100.0 Z50.0;”表述错误的是（　　）。

A．N0012 可省略　　B．G92 为程序原点设定

C．N0012 为程序序号　　D．G92 为绝对值设定

14．数控铣床加工程序欲暂停 3 s，下列程序指令正确的是（　　）。

A．G04 X300　　B．G04 X300.0　　C．G04 P3.0　　D．G04 X3.0

四、简答题

1．数控铣削机床工作台运动时抖动，有时还会出现卡滞现象，其原因是什么？

2．简述数控铣削加工的一般步骤。

五、编程题

用直径为6 mm 的铣刀铣出如图3—2—1 所示的三个字母，铣削深度为0. 5 mm，材料为铝合金，试编程。编程坐标原点设在平板的左下角，编程过程中不用刀具半径补偿功能。

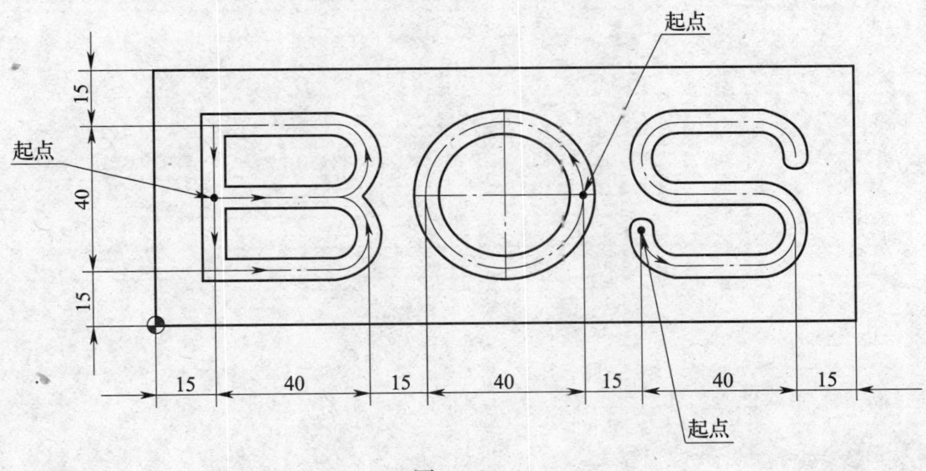

图3—2—1

策划编辑：邓小龙
责任编辑：许　可
责任校对：洪　娟
责任设计：邱雅卓

ISBN 978-7-5167-0016-7
9 787516 700167 >
定价：6.00元

高等职业技术院校电类专业教材

模拟电子技术（第二版）习题册

中国劳动社会保障出版社